tre de Figaro
le magnétisme.
P. 1784.

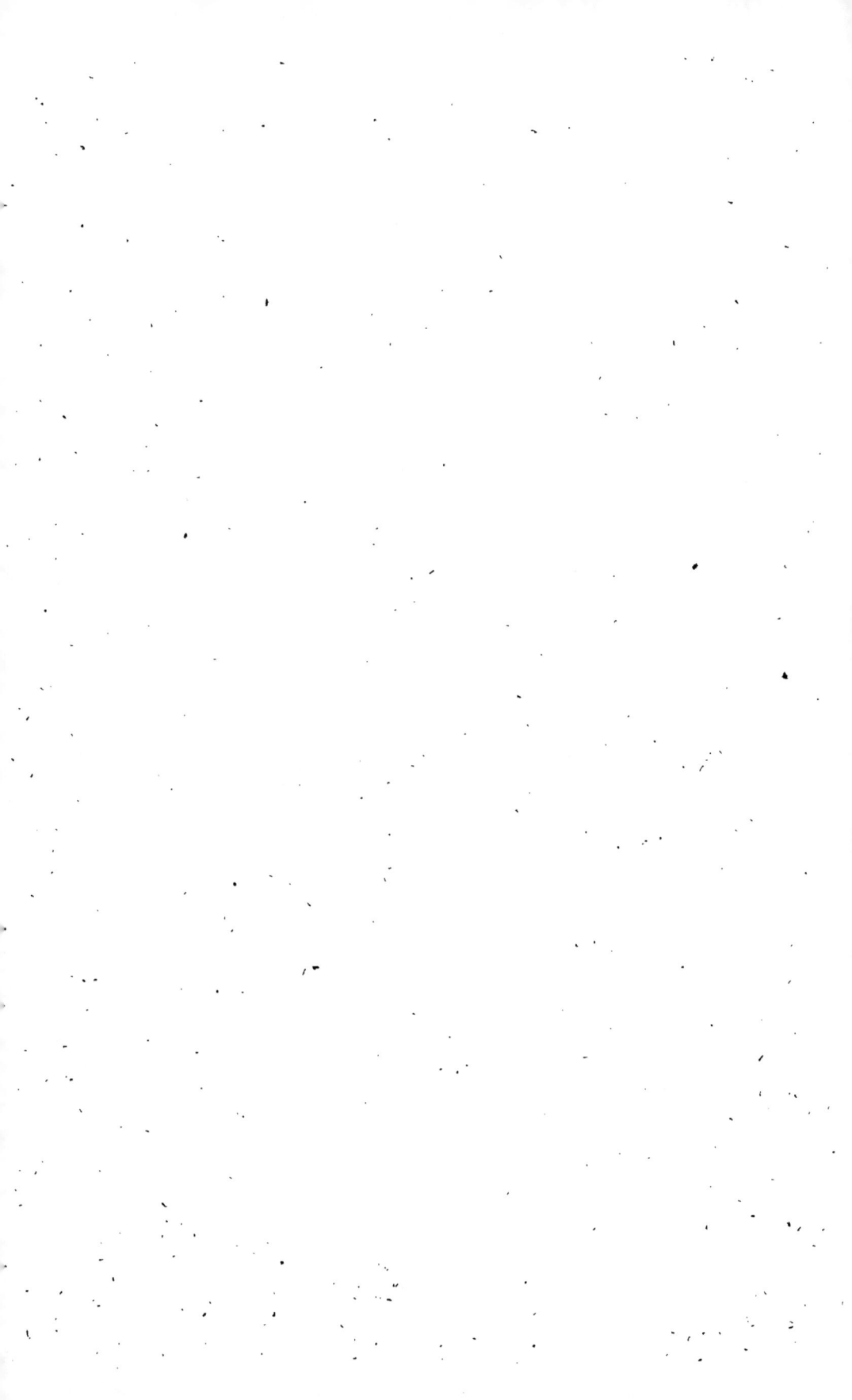

LETTRE

DE FIGARO

AU COMTE ALMAVIVA,

SUR LE

MAGNÉTISME ANIMAL;

Où il rend compte de la forme & du fond de cette découverte, & donne enfin à son Excellence la clef du méchanisme simple & naturel qui constitue cette fameuse doctrine, dont les François attendent avec patience la révélation, promise par le Bienfaiteur de l'humanité.

TRADUITE DE L'ESPAGNOL.

Avec cette devise :

Ce secret met en lumière
Pourquoi le fils d'un butor
Vaut souvent son pesant d'or.

Vaudeville de la FOLLE JOURNÉE.

Et cette Epigraphe :

INDOLUI rursum generis humani vicem, quod in se grassari tamdiù hanc inscitiam patiatur, atque adeundum vitæ spem pretio emat, undè mors certissima proficiscatur.
MONT.

A MADRID;

Et se trouve A PARIS,

Chez les Marchands de Nouveautés.

1784.

AVIS

DU TRADUCTEUR.

LA Lettre dont j'offre la Traduc-
tion au Public, contient une infinité
d'autres détails particuliers, dont le
tems & les circonſtances ne me
permettent point de faire part à tout
le monde indiſtinctement; je n'ai
donc traduit que ce qui ne peut
tirer à conféquence, & j'ai gardé,
pour me guider dans le concours
dont parle l'Auteur à la fin de
ſa Lettre, les faits les plus ignorés

fur les refforts politiques de la machine.

Quant à la doctrine, j'ai traduit littéralement tout ce qui y a rapport, & l'on peut en toute affurance, faire, avec les précautions requifes, les expériences fur le fluide magnétique foi - difant ; mais que j'appelle tout bonnement, *Emanation animale*, & qui doit conferver cette dénomination vraie & naturelle, quoique, comme on le verra dans cette lettre, on emploie pour l'accélérer, & l'aimant minéral, & le foufre, quelquefois même l'eau férée, c'eft-à-dire, qui a féjourné à froid fur de la limaille d'acier, &c.

Du refte, cette Lettre peut fervir de catéchifme à quiconque veut s'affurer par lui-même de fes forces électriques plutôt que magnétiques; car un homme qui fe couvriroit d'aimant, comme a fait Mefmer dans le commencement, ne devroit pas pour cela fe nommer M. Aimant, & c'eft cependant ce qu'ont cru, jufqu'à préfent, ceux qui aiment mieux croire que d'avoir la peine d'approfondir. Il n'étoit pourtant pas difficile de voir que le mot MAGNÉ-TISME ANIMAL tiroit fon origine de l'application du minéral fur l'animal : on a découvert depuis, par hafard, qu'on pouvoit fe paffer de l'aimant ; mais on a eu grand foin de ne pas fe défaire du mot que le vulgaire, grand & petit, a d'autant plus admiré, qu'il le concevoit moins.

LETTRE

DE FIGARO

AU COMTE ALMAVIVA,

SUR LE

MAGNÉTISME ANIMAL.

D E tout ce qu'on a publié, Monseigneur, pour & contre le Magnétisme animal, depuis six ans, rien ne m'a paru propre à fixer l'incertitude de Votre Excellence sur cette découverte, & vous devez vous savoir bon gré de l'heureuse indifférence qui vous a préservé de la lecture de toutes les pieces de ce procès trop fameux, où tant de gens se trouvent maintenant impliqués de toute maniere, que, sans un rapporteur tel que moi, vous n'en auriez vu la fin qu'au dernier jugement.

A

Il eſt, en effet, bien ſingulier que dans les productions littéraires ou non qui pullulent chaque jour en cette féconde Capitale, il ne ſoit pas dit un mot de l'objet contre lequel on déclame.

Que ceux qui préconiſent le Magnétiſme, n'en parlent point, on ne s'en étonne pas; mais qu'un eſſaim d'Auteurs, qui n'ont pas même le courage de ſe nommer, ſe mêlent d'imprimer, à la hâte & ſans aucune réflexion, des pamphlets où rien ne répond au titre qu'ils leur donnent effrontément, & dont ils ne ſe ſervent que comme d'appâts inſidieux, pour ſéduire l'avide curioſité, qui s'en repent une heure après, c'eſt ce qui révolte avec raiſon.

En Eſpagne, on écrit peu aujourd'hui, parce qu'on y eſt moins déſœuvré; mais ceux qui ſe mêlent de ce métier, donnent au moins ce qu'ils promettent; & cela vaut bien, à mon avis, l'inutile & trompeuſe facilité des brocheurs françois.

Pour vous prouver, Monſeigneur, que je parle en connoiſſance de cauſe, & que ni la prévention ni la réminiſcence n'ont aucune part au compte que je vais vous rendre, je commence par l'analyſe ſuccincte des écrits que Votre Excellence devoit parcourir dans ſon

voyage ; mais que (par je ne fais quelle appré-
henfion) elle m'a chargé de lire, en me prê-
tant en place le manufcrit de *la nouvelle Théorie
de l'Amour*, auquel elle m'a promis d'ajouter
des notes utiles.

Une Lettre *in-quarto* écrite par l'Auteur du
Monde Primitif, m'a d'abord paru offrir l'élo-
quence d'un partifan zélé, qui s'acquitte d'une
tâche honorable en apparence ; mais fa défenfe
eft trop vive, elle décele même de la crainte,
puifqu'on n'avoit encore attaqué que très-foi-
blement alors le Magnétifme animal. Au reve-
nant, Mefmer ne doit pas regretter les frais
d'impreffion ni le logement de l'Auteur, de fon
vivant, & tous les menus débourfés dont un
homme défintéreffé, comme l'étoit celui-ci, a
toujours un befoin d'autant plus humiliant, que
les indifférens qu'il oblige le lui font plus vivement fentir. Ce digne homme, en mourant, n'a
fait qu'accélérer de quelques jours le tribut que
chacun differe fans être ingrat, & a débarraffé
Mefmer de celui de la reconnoiffance, qu'il
auroit eu bien du mérite à payer plutôt, fachant
fur-tout que ce Philofophe infortuné gémiffoit
tacitement fous l'oppreffion de gens qu'une poi-
gnée d'or pouvoit raffafier. Je me fuis affuré,
Monfeigneur, à n'en point douter, que la vraie

caufe de l'accident fubit qu'on a attribué au Magnétifme , étoit un *cancer occulte à la racine du nez :* on ne peut tout au plus que conclure, fans perfonnalité, que le Magnétifme animal eft impuiffant contre le cancer à la racine du nez, comme il l'a été & le fera toujours contre tous les cancers entrepris & abandonnés après des années de paiemens confécutifs & toujours d'avance.

Cette Lettre, Monfeigneur, n'eft pas la feule qu'ait écrite l'eftimable Auteur du *Monde Primitif*; & celle qu'un Religieux de l'Ordre de S. Auguftin lui a renvoyée pour être imprimée avec des notes de fa façon, fe reffent bien du moule où elle a été jettée, & a le mérite (fi c'en eft un) d'avoir été retouchée d'après le fondeur, & cifelée par une main accoutumée à polir les chofes faites. Je ne parle pas de la déclamation qu'en fit ce Religieux enthoufiafte au Mufée, dont fon Editeur étoit, par un digne choix, Préfident perpétuel (cette préfidence eft, dit-on, deffervie aujourd'hui par un Vicaire à portion congrue); mais je vois par cette Lettre, précédée d'un avertiffement marqué au coin de la bonne foi, que dans les arrangemens pris entre Mefmer, le défunt (1) & l'Auguftin, le

_____

(1) L'Auteur n'ayant pas été à portée de connoître par-

premier, vivement pénétré du bien qui réful-
teroit pour lui de la publicité de cette corref-
pondance, avoit prié le Bibliothécaire de ne
rien épargner, en lui difant avec inflance : *Et
te, Pater, orare pro me*, &c. : il auroit dû lui ré-
pondre : *Ad te omnis caro veniet ;* mais il finit
par imprimer, & l'on n'en parle plus à Paris :
mais fuivant une lettre de Bordeaux, il a, entr'autres converfions, opéré celle d'une dame
qui s'eft retirée du monde, & qui mene à la
campagne une vie édifiante : on ajoute même
qu'il va fouvent l'inftruire des points effentiels
de fa doctrine.

J'ai lu, par ordre de date, l'efpèce de cor-
refpondance entre un François & un Anglois,
& je n'y ai rien trouvé qui pût m'empêcher de
croire & de prouver, quand on le voudra,
qu'elle a été écrite dans la rue Cocqhéron, &
imprimée aux frais de la Compagnie.

Je n'ai fait que parcourir les copies manuf-

---

ticulièrement l'homme de génie dont il parle, & n'ayant
de lui qu'une idée fur parole, on croit devoir fuppléer à
la foiblefle de l'hommage que tout Ecrivain doit à la vérité,
en prenant, dans un concours de circonftances impérieules,
les vrais motifs de la condefcendance & du dévouement
dont un cœur trop confiant a rendu M. Court de Geblin
la victime irrécompenfée.

crites des cures intéreffantes opérées par le Magnétifme animal, c'eft à-dire, par Mefmer lui-
même, & par un Gafcon qui n'a fait qu'un faut
de la place Maubert à celle des Victoires, comme
s'il étoit victorieux; mais j'ai trouvé entre ces
récits & ceux des Magnétifans de Lyon, de Bordeaux, d'Amiens, &c. tant de reffemblance, que
confidérant toutes ces vétilles comme faites à la
main, j'ai cru pouvoir me difpenfer de les examiner à fond, & de vous en entretenir.

Voilà à peu près ce qu'a produit l'enthou-
fiafme ou l'intérêt. Je paffe, Monfeigneur, bien
couvert du manteau de la neutralité, aux fatyres
des antagoniftes.

J'ouvre un petit livre bleu, que j'ai d'abord
pris pour un catalogue d'hôpital, en y voyant
en tête, *Mefmer bleffé*. Bon, dis-je en moi-
même, il vaut mieux que ce foit lui qu'un autre,
il fera bientôt guéri, fi fa bleffure n'eft pas dans
la main : je continue, & j'arrive à la fin de
l'opufcule fans y voir de guérifon. Ce font des
mots, de longues phrafes, des extraits de morale chrétienne, qui décèlent l'Auteur cloîtré
& le diftinguent de fon confrère, qui court les
champs ; mais dans tout ce fatras, pas un trait qui
puiffe effleurer Mefmer. Je le laiffe donc, & pour
me dédommager, je me faifis d'un autre livret,

dont la couverture blanche & le caractere bril-
lant invitent à le parcourir. *Mefmer juftifié ;* c'eft
fon titre : oh ! pour le coup, je renais ; il y a
affez long temps qu'on l'accufe. Voyons.

Un ftyle fleuri..... des figures...... point
de cinifme,..... des defcriptions charmantes,
une rapidité de ftyle étonnante ! des faits......
mais des faits ! oh, ils paffent les bornes........
mais s'ils font vrais ! Vrais ou non, il falloit les
couvrir, les gazer au moins. Eh ! le baquet, qui
ne contient que de l'eau pure, eft bien couvert ;
à plus forte raifon devroit-on avoir cette attention pour ce qui n'eft point pur.

Quelles gens que ces François ! ils promettent
blanc, ils donnent noir...... Ah ! M. le Jufti-
fiant, vous avez furpris ma religion ; mais malgré tout, j'aurois tort de me plaindre : en me
fcandalifant, vous ne m'avez pas ennuyé. Je
recommanderai cependant aux duègnes de ne
vous point laiffer rouler fous la main des jeunes
Signoras qui favent lire le françois.

Pardon, Monfeigneur, fi je me livre à l'ex-
plofion de ma délicateffe : ces mouvemens, vous
le favez, me font naturels, & je ne faurois m'en
refufer la douceur paffagère.

Voici du férieux. *Hiftoire du Magnétifme en
France, de fon régime & de fon influence,* &c.

A 4

Ce titre est pompeux, & quoique l'ouvrage n'y réponde pas tout-à-fait, on ne peut accuser l'Auteur de dire le contraire de ce qu'il annonce; & tout en lisant ses détails sur les cérémonies *de la loge de l'Harmonie,* je n'ai pu m'empêcher de me rappeller ces temps heureux, où je faisois des chapelles avec mes camarades d'école. Du reste, cette brochure peut être lue de tout le monde, & l'on doit savoir gré à l'Auteur d'avoir réduit à si peu de choses la matiere d'un volume; mais il devroit substituer à son titre celui d'*Histoire des Magnetisans,* car ils y sont peints d'après nature.

Les autres ouvrages, tels que *les Traces du Magnétisme, le Magnétisme dévoilé, les Eclaircissemens sur le Magnétisme,* &c. &c. &c. au lieu d'inquiéter les Magnétisans, n'ont fait que les rassurer, parce qu'ils n'ont pas même approché la doctrine qu'ils s'efforcent de détruire. O Ecrivains insensés! Comment la détruiroient-ils, ils n'en ont pas d'idée; comment la connoîtroient-ils, elle n'est pas achevée; & cela est si vrai, que plusieurs personnes y travaillent encore tous les jours à leur temps perdu (1).

_____

(1) C'est le vrai terme; mais si le moral n'y gagne rien, le physique en dédommage l'ouvrier.

Ce n'eſt pas en homme ſavant & pointilleux,
Monſeigneur, que je vous rends ce compte
préalable de ce qui a paru, juſqu'à ce jour, en
différens genres, ſur la découverte que votre
Excellence m'a chargé d'examiner; mais en faveur de la vérité, j'eſpère que vous ferez grace
aux défauts académiques.

J'ai cru appercevoir, dans les efforts des partiſans, plus d'intrigue que de lumières, & dans
les ſatyres des adverſaires, plus d'enfantillages
que de raiſonnemens. Il eſt vrai qu'en général
on n'en exige pas beaucoup dans le pays d'où
je vous écris, & c'eſt ce qui fait que depuis plus
de ſix ans la fortune du Magnétiſme eſt encore
incertaine, tandis que celle de ſon Rénovateur
eſt aſſurée; oui, Monſeigneur, très-aſſurée, &
400000 francs mis tout récemment à l'abri
chez les Hollandois, en ſont un garant aſſez
authentique. Meſmer peut donc continuer d'être
un pauvre homme, mais il ne ſera jamais un
homme pauvre; & c'eſt ſans doute une conſo-
lation bien douce pour lui, de voir la diſette
d'une partie compenſée par l'abondance de
l'autre.

Les François auroient dû, ce me ſemble,
faire comme certains gourmands, qui, lorſqu'ils
acceptent une partie, ne ſe mettent au jeu qu'à

condition que la perte fera mangée en commun: Si l'on avoit mis d'avance cette claufe au jeu du Magnétifure, que de gens dineroient encore aujourd'hui avec les louis qui font à Rotterdam!

C'eft affez parler finances; je vais, Monfeigneur, vous entretenir de mes obfervations particulières fur le Magnétifme, & vous pourrez d'autant plus compter fur ce que je vais vous confier, que cette découverte offrant plus d'illufion que de réalité, plus de forme que de fond, plus de myftère que de fcience, vous jugez que je fuis dans mon centre, & que je n'aurai pas, il s'en faut, autant de difficulté à m'exprimer, que je viens d'en montrer fur la partie purement typographique : c'eft le bonheur que je me fouhaite.

Le *baquet* dont chacun a jufqu'ici parlé à fa façon, n'a de myftérieux que fa couverture; il contient quelques voies d'eau de la Seine, qui infecteroit par fon féjour, fi l'on n'avoit l'attention de la rendre prefqu'incorruptible, au moyen de l'acide vitriolique & du foie de foufre, qui, malgré fon féjour, ne diminue point de volume, & communique à l'eau une volatilité qui s'augmente infiniment par la chaleur des corps à demi-vivans qui entourent ce baquet. On a l'attention de remettre de tems en tems de l'eau

nouvelle pour remplacer celle qui s'évapore ;
& celle qu'abforbe le bois du baquet. Les verges
de fer aimantées de différentes longueurs dont
ce réfervoir eft hériffé, font confidérées comme
des conducteurs électriques (*fui generis*). Quant
à la corde, quoique le fluide y foit plus ou
moins contenu ; je ne lui crois qu'une vertu
morale (1) ; mais la chofe la plus utile, & dont
perfonne ne fe doute, c'eft le paillaffon qui
entoure le baquet ; l'inepte le foule aux pieds,
comme l'ignorant voyageur foule le lierre ter-
reftre, fans fe douter que c'eft à lui qu'il doit
le plus fouvent le foulagement de fes maux ;
mais ce n'eft pas ici le lieu de donner mes
preuves, j'y reviendrai.

Votre Excellence qui n'a pas eu le tems de
vérifier les defcriptions verbales qu'on lui a
faites de cette fource féconde de phénomenes,
peut s'en rapporter, à peu de chofe près, à
l'eftampe que je lui ai adreffée avec ma derniere ;
& quant au défaut de coftume dont vous m'avez
fait l'obfervation, Monfeigneur, relativement
au large ruban bleu qui n'étoit pas à fa place,

---

(1) Quelles réflexions ne doit pas faire un patient de
bonne foi, qui fe voit en fi nombreufe compagnie les fers
aux pieds, aux mains, la corde au col !

le Peintre m'a dit que c'étoit une licence, &
qu'on s'en étoit permis bien d'autres. Comme
cela ne me regarde pas, je me suis tû, & en le
quittant, je me promis bien de ne plus, criti-
quer les planches que les Eleves feroient graver
& enluminer pour servir d'enseignes. J'ai tenu
ma parole, car je n'ai pas dit un mot sur le por-
trait d'un homme d'esprit qu'ils ont fait dessiner
depuis, & au bas duquel ils ont fait mettre le
nom de Mesmer, avec des vers préparés d'avance
par l'Auteur regretté du Monde Primitif; mais
n'allons pas plus loin.

Felix qui potuit rerum cognoscere caufas !
Heureux qui connoît mieux la caufe que l'effet !

Je pourrois, Monseigneur, prolonger encore
les détails illusoires, & différer considérablement
l'objet principal de cette lettre; mais je vous ai
parlé d'intrigues, & je vais, pour ne pas fati-
guer Votre Excellence, me borner à deux faits
qui suffiront à vous donner une idée du reste,
& sans plus différer après, j'entrerai en matiere.

Je n'entends point, par intrigues, les menées
myftérieuses de la galanterie, elles font trop au-
deffous du fujet que j'ai à traiter, quoiqu'elles
aient beaucoup influé, & qu'elles contribuent
même encore aujourd'hui à foutenir la réputation

du Magnétifme qu'elles font fouvent chanceler.
De quoi vous ferviroit, en effet, Monfeigneur,
de favoir que, par l'entremife du Magnétifme,
un époufe trompe fon mari à fes yeux fans qu'il
la foupçonne, *à fortiori* en fon abfence ; je paffe
l'inverfe fous filence, & je fuis de votre avis fur
l'infidélité des hommes, qui vient toujours d'un
concours de circonftances dont ils fe fervent
pour fe juftifier à leurs propres yeux. Les hommes
ayant donc, au Magnétifme, plus d'occafions
d'oublier leurs devoirs que leurs femmes, donnent à celles-ci plus de fujets de s'en fouvenir
inutilement, & de s'en dédommager, pour conferver en tout l'équilibre & l'harmonie qu'on appelle ici l'ordre de la fociété. Les jeunes filles ;
mais laiffons là cette difcuffion ; on en voit peu
au baquet ; les pricipales héroïnes les en ont
bannies pour n'avoir pas toujours devant les
yeux des objets de comparaifon, difficiles à at-
teindre, & ne pas fe voir à chaque inftant privées
des préférences qu'elles fe font affurées, jufqu'à
nouvel ordre, par cette exclufion.

Revenons aux deux faits auxquels j'ai reftraint
le chapitre de l'intrigue.

Le premier concerne un Médecin dont le
maître a payé la réception, & qui, en Phy-
ficien de bonne foi, a dit hautement que cela

ne valoit pas cent louis. Un blafphême eût été mieux écouté, que ces paroles d'un homme qui marchande ; dans le moment, on le maltraita fort, & il entendit fans parler, les épithetes de toute efpece, qu'il attribua fagement à l'Elixir de Rouffillon, dont, comme Médecin éclairé, il connoît les effets peu durables.

Le lendemain on lui fit des excufes (adreffées à fon maître), & pour l'appaifer, on lui promit de lui rendre fon argent ; mais tout cela ne fut qu'apparent, & d'autres mains fe chargerent de tramer fourdement fa perte, en altérant peu à peu la confiance qu'il mérite, ne fût-ce que par fa conduite ; mais ce fut en vain qu'on mit tout en œuvre pour y parvenir : de quelque côté qu'on abordât fon augufte protecteur, on ne le trouva jamais difpofé qu'à la clémence, & nullement fufceptible de ces mouvemens qui dégradent les ames qui s'y abandonnent.

Le fecond fait a pour objet un homme de nom, à qui Mefmer (fans le favoir peut-être) avoit donné de violens fujets de mécontentement, au point qu'un jour il vint chez lui pour s'en expliquer, & le traiter, dit-on, en *Médecin malgré lui* ; mais le Docteur Germain prévenu (comme il l'eft toujours) de l'intention de ce Seigneur, & prévenu fur-tout par quelqu'un qui l'aſſura qu'il *le feroit comme il le diſoit*, s'arrangea de maniere à être abſent lors de ſa viſite, perſuadé *qu'une volonté forte* peut beaucoup de la part de l'*agent* en pareil cas.

Il chargea donc les adeptes les plus énergiques de le recevoir, & de le diſpoſer au contraire de ce qu'il venoit faire. Ce qui fut preſcrit fut ponctuellement exécuté : le Seigneur fut entouré à ſon arrivée par une élite d'adeptes de qualité & autres, qui s'acquitterent de la commiſſion de leur chef avec tant de ſuccès, qu'en moins d'une heure, cet homme ſi courroucé en arrivant, changea miraculeuſement de maintien & de langage ; on dit même qu'il ſe plaignit que Meſmer tardoit trop à rentrer. Enfin on l'annonce, il paroît, cet homme tant menacé.... **il paroît & l'accolade termine toute diſcuſſion entre eux.** C'eſt depuis ce jour que le Seigneur en queſtion eſt compté au nombre des Elèves, & ſoutient de tout ſon *crédit* la doctrine qu'il a embraſſée.

Ce trait me paroît vérifier aſſez complétement ce que j'ai vu dans un bouquin, ſur *la ſubtilité*, traduit du latin par un certain Leblanc, grand amateur de ſecrets, il y a cent onze ans. J'ai vu dans ce vieux répertoire, dont un Maréchal Andaloux me fit préſent, & que j'ai laiſſé

en paiement dans une auberge, que « *fi l'on ac-*
» couple un adolefcent vigoureux à un vieillard in-
» firme , il devient généreux, & par ce moyen l'en-
» nemi devient ami , & l'envieux quitte la mai-
» fon, &c. &c. &c. ».

L'infidélité de ma mémoire me fait regretter
tout à la fois & ce vieux recueil, & le Traité du
Soufre par *Stale*, que j'ai perdu dans un démé-
nagement tacite.

Vous allez juger, Monfeigneur, par les détails dans lefquels je vais entrer, fi j'ai, du
Magnétifme animal, une idée affez jufte, pour
me difpenfer de me faire initier comme un ba-
daud : il faut l'être, en effet, pour donner pieds
& mains liés dans une fecte où l'on n'eft inftruit
qu'après la réception, tandis qu'on devroit tout
favoir avant d'être admis, & ne payer qu'en raifon de ce qu'on fait; mais foyons juftes, on
paie en raifon de ce que l'on vaut (1). Il y a des
Elèves qui ont été reçus à caufe de leur heu-
reufe conftitution, ou de leur influence dans la
fociété des Grands à qui ils font attachés, & qui
réuniffant beaucoup de reffources phyfiques aux
qualités morales, peuvent être d'une utilité

_____

(1) Voyez l'Hiftoire du Magnétifme, & l'Examen férieux
& impartial du 26 Juillet, que je joins à la préfente.

inappréciable

inappréciable, *gaudeant bene nati*. Ceux qui n'é-
toient pas richement partagés par la nature, y ont
fuppléé par la fortune , & c'eft affez l'ordinaire ,
nullus omni parte beatus; ceux enfin qui, fem-
blables à ces productions monftrueufes, n'ont
aucun caractere déterminé , fe font livrés aux
bas emplois, & ont coopéré au mouvement général de la machine , comme un Facteur de la
petite pofte contribue au fuccès d'une intrigue;
auffi ont-ils de même contribué au fuccès de
quelques-unes, tantôt par la foupleffe & la dif-
crétion , tantôt par un filence honteux & com-
plaifant , tantôt par une adhéfion intéreffée à
toutes les abfurdités des gens qu'on vouloit
charger d'une trompette magnétique.

Nous approchons, Monfeigneur , & nous
voilà bientôt au développement de la doctrine
du Magnétifme , fur laquelle fignor Chérubin ,
votre Page , m'a fourni, fans le favoir , des obfervations que Mefmer lui-même ne m'auroit
pas procurées. Ces obfervations & les expériences que j'ai faites fuffiroient pour me mettre en
état d'aller profeffer le Magnétifme animal (loin
de mon pays toutefois), fi je n'avois dans la
protection de Votre Excellence (1), une reffource

_____

(1) On dit qu'amitié de Seigneur n'eft pas héritage;

B

affurée contre la mifere à venir, & une répu-
gnance invincible pour tout ce qui eft myftérieux ; & puis , mon mariage a ramolli mon courage entreprenant; Il n'en eft pas de même de
Mefmer , cet heureux mortel a oublié fa qualité
d'époux , & n'en a que mieux réuffi ; car s'enri-
chir, Monfeigneur, vous le favez, dans ce fiecle,
c'eft réuffir, & aujourd'hui , bonne renommée
ne vaut pas ceinture dorée; Mefmer a fort adroi-
tement retourné ce proverbe ; il eft vrai qu'il a
été fupérieurement fecondé, & l'on feroit bien
étonné fi , lorfqu'il aura affez gagné pour payer
tous ceux qu'il a employés dans cette grande
affaire, il difoit à quelques François fes Elèves ,
au moment de fon départ : *J'ai été votre maître,*
tant que j'ai pu m'acquitter envers vous ; vos fervices
font finis, je les ai reconnus : vous avez joui tran-
quillement , tandis qu'on m'accabloit publiquement
de reproches que vous méritiez plus que moi ; à votre
tour maintenant , le voile eft déchiré, juftifiez-vous
aux yeux de la France que je remercie. Adieu.

Que de gens feroient vus à découvert, fi cela
arrivoit ! que de noms on répéteroit au lieu de

---

il paroît que celui-ci fait exception à la règle : Qu'on me
donne un Mécène, & je ferai Poëte, a dit un ancien ; & moi
je dis, Ainfi foit-il.

celui de Mefmer, qui a pouffé la déférence jufqu'à prêter fon nom au Graveur qui l'a fait enluminer ; pour qu'il foit dit que, du petit au grand,
le Magnétifme a influé d'une maniere ou d'une
autre fur tous les états. Quelle influence!

J'ai dit du petit au grand; mais ce n'eft pas
au plus grand ; & quelques enfans éblouis, placés
par le hafard plus près du pere que le refte de fa
famille, n'ont pu s'en faire entendre au préju-
dice dés plus éloignés, vers lefquels il porte
fans ceffe les regards d'une douce bienveillance...

C'eft affez parler, Monfeigneur, de la forme
& des acceffoires du Magnétifme, c'eft affez
parcourir ce labyrinthe obfcur, il eft tems de
vous faire voir la lumiere; & comme je n'ai
fait, vous le favez, d'autre ferment que de ne
pas me remarier, je commence.

Le hafard, qui eft le premier Profeffeur de
Magnétifme qu'ait eu Mefmer ; eft auffi celui à
qui j'ai l'obligation de mes découvertes. La dénomination de Magnétifme animal ne me paroît pas remplir l'idée qu'offriroit celle d'*électri-
cité animale ;* mais en faveur de l'attraction & de
la répulfion des corps, je m'en tiendrai à la pre-
miere, & je crois inutile d'ajonter des figures
géométriques à mes réflexions : je ferai le
moins diffus que la matière le permettra.

Le Magnétifme animal eft l'action d'un corps
vivant fur un autre, fans autre agent que fa
propre émanation, fans le fecours même d'un
conducteur (1), ni d'aucune préparation : je m'ex-
plique.

Soit donné dans une obfcurité parfaite, à midi
fur-tout, un homme jeune, fain, bien confti-
tué, fobre en tout & vigoureux ; qu'avant de
quitter fes vêtemens, il fe foit fuffifamment agité
pour accélérer, volatilifer l'humeur qu'on appelle tranfpiration infenfible ; que dans cet état,
il fe déshabille, & (les pieds nuds fur un tapis)
qu'il fe frotte les mains (2), & préfente auffi-
tôt fes pouces, les ongles en-dedans, l'un vis-
à-vis de l'autre, à demi-pouce de diftance, on
y verra bientôt paroître une petite flamme qui fe
brifera en les éloignant ; mais qui ne difparoîtra

---

(1) Les barreaux bien aimantés dont les adeptes font pro-
vifion dès qu'ils font aggrégés, foit pour frotter la ba-
guette, foit pour s'en garnir pendant qu'ils font enfermés
dans leur appartement, prouvent que le minéral aide ici
beaucoup l'animal : on fait d'ailleurs l'effet de l'aimant fur
les corps épuifés.

(2) On voit les Magnétifans fe frotter fans ceffe le bout
du pouce avec le medius de la même main, comme faifoit le
Docteur Bartholo en danfant devant la Signora Rofine ; c'eft
ce qu'on appelle ici les caftaguettes.

qu'en y paſſant l'index de la main oppoſée, ou
l'annulaire : on la rappellera avec le médius
toujours d'une main à l'autre : le petit doigt a la
même vertu ; mais il faut frotter un peu plus
long-tems qu'avec le médius.

Voilà l'exiſtence du fluide clairement démon-
trée dans le pouce, le médius & le petit doigt ;
ſuivez-moi, Monſeigneur, cela va nous mener
loin : ces trois doigts ont donc la vertu répulſive,
& les deux autres par conſéquent, la vertu attractive : c'eſt un fait.

Qu'il paſſe le pouce droit ſur l'œil gauche en
frottant du bout, mais légèrement, les cils, on
y verra bientôt paroitre une clarté pareille à celle
du pouce, & de même pour l'œil droit avec le
pouce gauche. Voilà des pôles bien manifeſtés,
puiſque le pouce d'un côté ne peut faire briller
que l'œil oppoſé : une choſe ſinguliere à ob-
ſerver, c'eſt que l'index ſeul peut faire diſparoî-
tre la clarté, & que le pouce du même côté ne
feroit que l'attiſer, au lieu de l'éteindre. Il faut
donc ſe ſervir de l'oppoſé.

Qu'il paſſe enſuite le pouce ſur le nez (ſi
toutefois il n'uſe point de tabac (1)), l'ongle

_____

(1) Le café à l'eau eſt, dit-on, un anti-magnétique ; je
ſoutiens le contraire ; 1°. parce que j'en ai pris ſouvent avec

en deffus, même phénomène qu'à l'œil; mais
point à la bouche; d'où l'on voit que ceux qui
l'ont annoncée comme répulfive fe font trompés,
elle n'eft qu'attractive, & le mouvement afpirant
des lèvres le prouve inconteftablement. La lan-
gue eft l'organe du goût, je ne parle ici que du
tact, &c.

La répulfion des yeux & du nez connue, fuf-
fit pour faire croire que les autres parties de la
tête ne font fufceptibles que d'attraction.

Le refte du corps, à commencer par le fein,
n'offre pas moins d'effets propres à guider le
Magnétifant. Par exemple,

Que le même homme, toujours nud, paffe le
pouce droit fur le fein gauche, autour du ma-
melon, on y verra bientôt paroître une clarté
pareille à celle qu'on vient de remarquer aux
yeux, au nez, &c. On doit toujours fe fouvenir que fi le pouce s'éteint, on peut le rallumer
fans peine avec le médius.

Je laiffe à ceux qui écrivent fur la Névrolo-
gie, le foin difficile d'expliquer, d'une manière
intelligible, les raifons qui font qu'une partie

des Magnétifans Deflonicns dont je n'ai pas parlé, parce que
ce font des copiftes ferviles; 2°. parce que je ne magnétife
amais mieux qu'après avoir pris du café & de la liqueur.

brille de préférence à une autre ; la meilleure
hypothèfe que je puiffe donner, eft la réunion
d'une. plus grande quantité de houpes nerveufes
ou plexus aux parties qui brillent , quantité
confirmée par la fenfibilité exquife de ces mêmes
parties.

Le diaphragme , ou le creux de l'eftomac ne
préfente point de clarté ; le plexus ou affem-
blage nerveux, y eft cependant confidérable , &
paffe pour le fiege de toutes nos fenfations ;
mais fon irritabilité eft prefque toute interne.
Cependant, comme on le verra ci-après, il y
a une manière de donner à ces nerfs des fecouffes
qui produifent des révolutions qu'on appelle
crifes, dont j'aurai occafion de parler ci-après.

Ce que la plaifanterie a défigné par pôle noir
eft fufceptible des mêmes phénomènes dans les
deux fexes, & je crois que Votre Excellence n'a
pas befoin d'une plus ample explication fur cet
article : au furplus , j'y fatisferai de vive voix.

Je ne peux trop infifter, Monfeigneur, fur
les attentions préliminaires, relativement à l'appartement où l'on fera ces expériences ; il faut,
premièrement, qu'il ait reçu , autant que faire
fe pourra, le foleil du midi par l'ouverture des
croifées ; qu'il foit affez élevé pour n'être point
humide, fur-tout parqueté, garni d'un tapis de

pied, ou au moins d'un paillaſſon : la raiſon de
cette précaution eſt que le gros orteil a la même
faculté que le pouce de la main, & que la
moindre humidité détruit tout. Les hommes que
de certains exercices ont refroidis, entr'autres les
gens de Lettres, qui ne magnétiſent que des
yeux, ou ceux d'une conſtitution foible (1), ſe
diſpoſeront par quelques heures de mouvement
dans l'appartement même, au point de s'échauf-
fer modérément, & tiendront dans chaque
main, & ſous chaque aiſſelle, un canon de
ſoufre d'une demi-livre, afin de volatiliſer (2)
le fluide appauvri & raréfié par l'inertie des
houpes nerveuſes. Lorſqu'ils ſe ſentiront ſuffi-
ſamment échauffés, ils dépoſeront les canons de
ſoufre ; & pour s'aſſurer du tems propre aux
eſſais, un moyen ſûr eſt de préſenter le nez à
l'ouverture du jabot de la chemiſe ; ſi l'on ſent
monter au viſage une douce chaleur, & même
dans certains ſujets, une odeur balſamique, il
eſt tems de commencer : on peut ne ſe point
déshabiller ; car il faut être extrêmement fort

---

(1) Un bon payſan l'emportera toujours ſur les petits-
maîtres en fait de magnétiſme. *Voyez* ma deviſe.

(2) On boira quelques verres d'eau ferrugineuſe, que
tout le monde ſait faire.

pour conferver long-tems un état louable étant nud.

Je crois, Monfeigneur, pouvoir actuellement parler du traitement un peu plus clairement qu'on ne l'a fait jufqu'ici.

Le baquet ne me paroît pas indifpenfable; mais laiffons-le exifter, pour ne rien changer à l'ordre reçu : je fuppofe donc qu'on m'amene un malade, n'importe de quel fexe, ni de quel âge, je ferai mes obfervations après.

Si c'eft un homme, je commence par me placer à fon côté droit, de manière que mon orteil droit foit contre fon orteil gauche, fans quitter mon foulier, ni le fien, que l'on a feulement l'attention de bien effuyer avant, & de ne jamais huiler, afin que le pied foit toujours dans un état de ficcité & de chaleur, qui eft la condition *fine quâ non*. Je me place donc de maniere que le pied gauche foit contre le pied droit, comme je viens de le dire. Je place enfuite la main gauche entre les deux omoplates, avec l'attention cependant qu'il n'y ait que *le pouce , le médius* & *le petit doigt* qui portent fur l'habit, l'index & l'annulaire levés, comme pour *ut, mi , fol* fur le forte-piano. On portera enfuite la main droite fur le creux de l'eftomac à nud, & avec le pouce, le médius & le petit doigt, on y fera, par gradation, une friction formicu-circulaire que l'on continuera jufqu'à ce que le malade en reffente les effets, qui font affez communément des fueurs & des borborigmes qui finiffent par la diarrhée.

Il ne faut pas omettre de fixer le plus que l'on pourra le patient, c'eft-à-dire, d'avoir l'œil droit fur le gauche, & le gauche fermé, & *vice verfâ*, par une raifon d'optique.

Le malade, après cette opération, boira un verre d'eau, & fera bien de fe coucher & de fe repofer, car il éprouvera une proftration de forces qui durera quelques heures, & enfuite il n'en fera que plus difpos.

Quant à l'âge & au fexe, j'ai dit que je ferois mes obfervations après, & les voici.

Si c'eft un jeune homme que l'on veut émouvoir, les frictions dureront plus long-temps, parce qu'il a plus de réaction quoique malade, ainfi qu'une jeune fille ou femme, que n'auroient des vieillards, qui doivent avoir la précaution de faire la chaîne avec des jeunes gens en grand nombre ; ce qui les difpofera merveilleufement aux frictions.

Une attention qu'il faut encore avoir, pour ne pas échouer dans les tentatives magnétiques,

c'eſt de choiſir toujours des ſujets foibles (1) ;
car ſi le patient a trop de réaction ſur l'agent, on
conçoit que l'effet eſt au moins nul : je dis au
moins, parce qu'il pourroit ſe faire que le ma-
gnétiſé, ſans le ſavoir, accablât le frotteur, s'il
avoit ſur lui l'avantage des émanations.

Il s'agit maintenant, Monſeigneur, des criſes ;
& d'après ma théorie, vous jugez que l'on con-
cevra facilement la marche que l'on ſuit pour
les achever.

Les criſes vraies n'ont lieu que dans les jeunes
perſonnes nerveuſes & d'une irritabilité conſi-
dérable : j'ai cependant vu quelques hommes en
avoir des ſymptômes ; mais ces exemples ſont
rares, & je ne vais parler que des femmes qui
n'ont pas 45 ans.

Je ſuppoſe donc qu'une jeune perſonne en
qui le fluide ne circule pas librement, éprouve
des mouvemens convulſifs & des accès dont
l'eſpèce dénote le lieu où ſont les obſtacles à
cette circulation ; voilà ce qu'on appelle une
criſe (au traitement magnétique), & cette criſe
dure autant que les obſtacles ; c'eſt pourquoi

_____

(1) Il faut, par-deſſus tout, avoir l'attention de les
choiſir analogues, afin de mieux marier les émanations ; ce
qui conſtitue cette ſympathie qui étonne le vulgaire.

l'on en a vu fe terminer en moins de deux heures dans certains fujets , tandis que chez d'autres elles ont duré plufieurs jours (1). Revenons aux plus courtes. Lorfque la crife fe manifefle, la malade trépigne d'ordinaire affez vivement ; ce qui n'arriveroit point, fi par une caufe quelconque, le fluide ne rencontroit pas d'obflacle aux extrémités inférieures, où, ne pouvant fe faire une iffue, il follicite des vibrations, qui, en faifant mouvoir les pieds fortement, le renvoient, par refoulement, vers le cerveau, où il caufe un délire, un fpafme momentanés , & toutes les contorfions que le plexus ébranlé fait exécuter aux membres qui font fous fa dépendance : on laiffe d'abord la malade en liberté, & au lieu de gêner fes mouvemens, on les facilite, en la débarraffant de fes vêtemens (s'ils font ferrés) & en l'étendant fur un matelas : les jarretières, les colliers, les fouliers, tout cela doit difparoître, & fur-tout les corps à baleine.

Le magnétifant, lorfqu'il aura vu tous les caractères de la crife, commencera par les parties

_____

(1) La difficulté de les terminer a fait plus de mal que de bien au Magnétifme ; mais le temps & la nature font venus au fecours.

précordiales avec l'*index* & l'*annulaire* exclufi-
vement, puifqu'il s'agit d'obtenir un effet contraire à celui des trois autres dont j'ai parlé plus
haut. On porte donc ces deux doigts, prefque
réunis, fur la région du cœur, les ongles en bas
& en dehors, & l'on frotte toujours en def-
cendant, la paume de la main tournée vers la
malade, fans toucher, en remontant, comme fi
l'on vouloit balayer quelque chófe vers les extrémités : peu importe quelle attitude on prenne
pour cette friction ; mais pour les fuivantes, il
eft effentiel d'être en face de la malade, fans cependant la regarder ; ce qui eft dangereux : on
paffe enfuite les deux mêmes doigts fur le milieu
de l'arcade furcillaire, c'eft-à-dire, fuivant les
principes ci-devant démontrés, ceux de la main
droite fur l'œil gauche, & ceux de la gauche à
droite ; on les ramène ainfi, en traînant, à plufieurs reprifes, jufqu'au fein, de chaque côté, &
l'on a toujours l'attention de ne point toucher
en remontant, & de faire enforte que le pouce,
l'index & le petit doigt ne communiquent en
rien avec les deux autres, qui, comme on l'a
vu, leur font parfaitement étrangers : à mefure
que l'on voit changer les accès, on change auffi.
Quand on a débarraffé la tête, on fuit aux feins
la même marche qu'au deffus des fourcils, juf-

ques vers les hypocondres ; & c'eſt à l'accès qui
ſurvient après cette friction, que l'on connoît
ſur quel côté on doit inſiſter : ſi c'eſt la joie, on
inſiſte ſur l'hypocondre gauche ; ſi c'eſt la triſ-
teſſe ſur le droit, & l'on paſſe même par-deſſus
les vêtemens (s'ils ſont légers), depuis chaque
hypocondre, le long des cuiſſes juſques vers les
pieds en-devant, mais deux ou trois fois ſeulement & très-légèrement. Si la malade n'eſt point
cataleptique, la criſe ſe terminera en deux heures
au plus, & on lui donnera, auſſi-tôt qu'elle ſera
revenue à elle, un grand verre d'eau magnéti-
ſé, c'eſt-à-dire, dont on aura frotté le bord avec
le médius, & qu'on y aura mis le bout juſqu'à
la première phalange ſans quitter le verre, qu'on
ne touchera qu'avec les trois doigts lumineux,
& pour cauſe. Quand on n'y penſeroit pas, l'al-
tération où ſera la malade en ſera ſouvenir.

Il faut remarquer, Monſeigneur, qu'il y auroit de l'imprudence d'abandonner la criſe à la
nature, qui achève rarement ce que l'art commence.

Il y a des ſecrétions ſur leſquelles il faut des
lumières particulières pour agir à propos ; mais
pour ne pas s'expoſer aux ſuites de quelqu'er-
reur, & à des reproches fondés ſur l'abus de
confiance, je ſuis d'avis qu'on doit attendre que

la malade y confente de fang froid. Si l'on avoit toujours eu cette attention délicate, la malignité ne fe feroit pas tant exercée fur le dévouement des adeptes, & leur exactitude à remplir ce point de leurs devoirs, quelquefois *ultrà petita.*

Tel eft, Monfeigneur, le produit de mes recherches fur le Magnétifme animal, & je ne fuis point éloigné de croire que, dans ces tems où la nature gouvernoit les hommes, il pouvoit foulager quelques-uns de leurs maux ; mais aujourd'hui, avant qu'on fache l'appliquer avec fûreté, que de funeftes effais ! .... Et comment fe perfuader que cette même nature ait abandonné à l'incertitude de nos tentatives, l'emploi d'un remède fi peu connu encore ? D'ailleurs, Votre Excellence conviendra, comme moi, qu'un agent univerfel doit avoir une fin générale, à laquelle il tend toujours, fans que l'homme s'en mêle.

Quant aux effets du Magnétifme fur la végétation, j'en obtiens tout auffi bien que Mefmer, en obfervant à peu près les mêmes principes que pour le corps animal : par exemple, fi c'eft un arbre que je veux magnétifer, j'ai la précaution de me fervir du foufre pour volatilifer mon fluide en raifon de la groffeur de cet arbre, & de fa pénétrabilité : j'ai foin de choifir cet arbre fain dans toutes fes parties , j'en arrofe le pied avec de l'eau où j'ai laiffé évaporer du falpêtre & du foufre ; plus cet arbre eft expofé au midi , plus il eft magnétifable.

Je prends donc un beau jour pour mon opération, & vers les onze heures du matin , je me rends fur le terrein ; je tourne le dos au midi , & je pofe mes pieds contre l'arbre, de manière qu'il fe trouve, pour ainfi dire, entre mes rotules ; dans cet état, j'applique fur l'écorce le bout du pouce, du médius & du petit doigt (1), de forte que l'arbre foit entre mes deux mains , & depuis mon foulier, de chaque côté, jufqu'à la hauteur de mes yeux . je frotte fortement, de bas en haut, le plus long-tems qu'il m'eft poffible, jamais de haut en bas, & en me retirant , je l'arrofe avec l'eau dont j'ai parlé. Je fuis à peu près les mêmes procédés pour les plantes ; mais toujours avec *une intention vive,* fans laquelle le fluide eft dans l'inertie, & l'opération manquée ; elle ne réuffiroit pas mieux fi l'on étoit diftrait, ce qu'il faut éviter en fixant les yeux fur l'arbre.

Le Magnétifme, par le réfléchiffement des

_____

(1) Règle générale.

glaces

glaces, au moyen d'une canne, ou d'une épée, n'eſt plus une énigme, d'après les notions que je viens de vous donner, Monſeigneur; & pour vous en aſſurer, vous pouvez, dans l'obſcurité (ſans que ce ſoit la nuit), préſenter votre pouce lumineux à un miroir, en le regardant d'aſſez près, vous le verrez revenir à l'œil oppoſé, en formant un angle. Pour le reſte, prenez, auſſi dans l'obſcurité, une épée nue, offrez au rivet du pommeau qui fixe la garde, l'un ou l'autre de vos pouces, tant qu'il y touchera, la pointe ſera lumineuſe, & ne ceſſera de l'être que quand le pouce ceſſera d'y toucher. Pour ce qui eſt de la canne, s'il y a un cordon, il faut le relever, & la tenir toujours dans l'obſcurité, entre le pouce & le médius, & s'il y a dans le bout de cuivre un clou de fer, il brillera; s'il n'y en a point, on n'y verra rien; mais le fluide s'y portera-t-il? C'eſt une queſtion; je le préſume, d'après ce que je vous dirai.

Je laiſſe à vos lumières, Monſeigneur, le ſoin de ſuppléer à l'inſuffiſance de mes obſervations; j'ai bien d'autres choſes à vous communiquer ſur le tact qui fait preſque tous les frais du Magnétiſme animal; mais je me réſerve à vous en entretenir plus particulièrement, ſi la cabale me donne le tems de retourner en Eſpagne;

C

dans le cas contraire, j'en informerai Votre Excellence qui, j'espère, ne m'abandonneroit pas,
puisque c'est pour elle que je me suis exposé à
tout ce que peut l'intérêt blessé par le désinté-
ressement.

Je me propose de faire à mon retour dans ma
patrie, un Mémoire sur l'*irritabilité*, & de prouver que, sans elle, il n'y a point de Magnétisme;
mais une chose m'inquiète, & m'arrêtera sûre-
ment lors du travail que je projette; c'est de
savoir si cette irritabilité est l'effet de la consti-
tution ou des circonstances; si cette difficulté
étoit levée, je répondrois bien du reste.

Quant aux avantages du Magnétisme, Monseigneur, dans le traitement des maladies, Mesmer n'en peut tirer d'utilité pour lui-même,
parce que, nouveau Mithridate, il vit avec le
poison: du reste, tant qu'on a pu les réduire toutes à des *obstructions* (1), cet agent n'a pas mal
fait, à l'aide de la crême de tartre & du jalap
doré, en forme de pillules, dont tout le monde
connoît l'effet; mais lorsqu'il s'est agi de maux
plus sérieux, tels que le cancer, l'épilepsie
invétérée, la goutte, le rhumatisme, la paraly-

_____

(1) En effet, tout est obstructions aux yeux de Mesmer;
mais tout (hormis la bourse) reste obstrué.

fie, la catalepfie, &c. &c. il n'a pas eu, à
beaucoup près, le même fuccès apparent; nous
avons cependant beaucoup d'exemples des effets
falutaires de la perfuafion & de la ferveur dans
les maladies dont le principe eft au cerveau, &
Hyppocrate lui-même a dit que « ce qu'on man-
» ge de bon cœur ne fait jamais de mal ». D'où
je conclus qu'un remède qui répugne, & dont
on fe défie, doit être plus nuifible que profi-
table. O vous, Médecins, qui ne faites que paffer
dans la chambre d'un moribond livré à lui-même,
ne connoîtrez-vous jamais tout ce que peut fur un
efprit affoibli & incapable de réfolution, ne connoîtrez-vous jamais tout ce que peut une douce
perfuafion, un air de tranquillité, des raifon-
nemens d'autant plus confolans qu'ils paroiffent
juftes & dictés par l'attachement auquel on eft fi
fenfible dans ces triftes momens, qu'ils fuffiroient feuls pour rappeller à la vie celui qui feroit
le plus près de la perdre? mais non, vous préférez
une froide méthode à ces moyens infpirés par
la nature même à qui peut l'entendre; fouvent
vos regards encore altérés par des paffions do-
meftiques, font errans autour du malade que
vous appercevez à peine, tandis que les yeux
fixés fur vous, il fuit jufqu'à vos moindres

geftes (1), & les attribue à l'incertitude où vous
êtes fur fa fituation Cette idée vivement peinte
dans fon imagination déja fatiguée, lui caufe
bientôt le délire & la mort. Quel tableau,
Monfeigneur! Pardonnez, j'oubliois que c'eft à
Votre Excellence que j'écris, & je me livrois aux
fentimens que m'infpire l'humanité fouffrante,
fans réfléchir que peut-être à l'inftant même,
vous confolez en fecret la vertu malheureufe ;
que peut-être en dépit des êtres qui n'ont de la
vraie générofité qu'une idée imparfaite, vous
venez de fecourir les indigens que vous favez
découvrir. J'ai fouvent admiré, Monfeigneur,
le foin délicat qui feroit feul tout le prix de vos
bienfaits, par la manière de les répandre. Souvent j'ai comparé vos actions à la plupart
de celles dont je fuis témoin; quelle diffé-
rence! Ici le fafte, l'oftentation, la publicité,
accompagnent & terniffent la moindre bienfai-
fance ; il femble qu'on ignore ce que vous favez
fi bien, « Qu'il n'y a que les pareffeux de bien
» faire qui ont toujours la bourfe à la main, &

_____

(1) Tout bon Obfervateur a chaque jour occafion de re-
cueillir cette preuve, & de s'affurer fi réellement un malade
voit & entend mieux qu'un autre.

» que ce n'eſt pas d'argent ſeulement que la
» fierté malheureuſe a beſoin ».

Je finis, Monſeigneur; & ſi dans les détails
que je n'ai qu'analyſés, je n'ai point fait men-
tion du ridicule qu'on a cherché à jeter ſur les
Magnétiſans, en les jouant ſur quelques petits
théatres, c'eſt que les ſcenes ne m'ont pas paru
mériter votre attention. Ce n'eſt pas au peuple
qu'il faut parler du Magnétiſme, il ne le connoît,
ni ne le veut connoître ; c'eſt aux Grands,
Monſeigneur, c'eſt à ceux qui veillent ſur la
Nation qu'on doit en offrir le tableau; mais c'eſt
ce qu'on ne fait point.

Qu'on propoſe un prix pour celui qui décou-
vrira le mieux le méchaniſme de cette vaſte en-
trepriſe, & j'y concourrai, quoiqu'étranger,
avec ceux que le patriotiſme fera mouvoir. Je
crois qu'un tel moyen jetteroit un grand jour
ſur l'obſcurité, non pas de la doctrine, car elle
eſt claire, mais de la pratique dont on ſe plaint,
en général, encore plus que les partiſans ne s'en
applaudiſſent en particulier.

Je ſais, Monſeigneur, qu'un mal auquel on
n'a pas remédié dans ſon principe, eſt difficile à
traiter; mais il n'eſt pas incurable, & d'après
le moyen que je propoſe, qui eſt l'unique, ou
Meſmer doit être reconnu & reſpecté comme un

homme rare, utile & défintéreffé, ou il doit être
remercié comme inutile, &c. &c.

Ce n'eft point par des invectives qu'on par-
viendra à ébranler un édifice, quoique chance-
lant, il faut des raifons, des faits, de l'impartia-
lité fur-tout, & jamais de fatyre.

Voilà, Monfeigneur, le refultat de mes obfervations; je defire que, malgré leur briéveté
confufe, elles occupent agréablement vos loi-
firs. Si je n'avois craint de vous ennuyer, je me
ferois un peu plus étendu; mon laconifme n'eft
peut être pas moins faftidieux; mais j'ai cherché à remplir ma tâche, & de deux maux j'ai cru
devoir éviter le pire.

Je fuis, &c. — Signé, FIGARO.

Paris, le 13 Août 1784.